AF457463

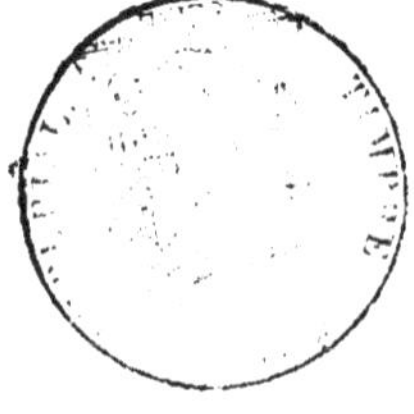

L'AGRICULTURE EN FRANCE

EN 1866

PAR

LE V^TE DE TOCQUEVILLE

Extrait du CORRESPONDANT

PARIS
CHARLES DOUNIOL, LIBRAIRE-ÉDITEUR
29, RUE DE TOURNON, 29

1866

L'AGRICULTURE FRANÇAISE

EN 1866

L'agriculture est aujourd'hui dans une situation dont la gravité ne peut être méconnue.

Si l'on étudie son histoire, on y remarque deux faits qui offrent entre eux une singulière analogie et qui lui ont, l'un et l'autre, porté un coup funeste.

Ces faits sont, dans le dix-septième siècle, l'absentéisme des seigneurs, c'est-à-dire des grands propriétaires ; dans le dix-neuvième, l'absentéisme des ouvriers ruraux.

Les premiers représentaient les intérêts généraux de l'agriculture et le capital qui la féconde.

Les seconds la force matérielle et l'intelligence pratique du *métier*.

L'union et l'accord de ces deux puissances productrices sont nécessaires à toute industrie.

Du temps de Henri IV, l'agriculture était encore en honneur ; plusieurs de nos provinces, comme la Normandie, l'Artois, etc., présentaient de riches cultures. L'irrigation et même le drainage, sous un autre nom, y étaient pratiqués [1].

Les communautés religieuses avaient amené leurs terres à un haut degré de fertilité dont quelques-unes de leurs chartes retrouvées donnent la mesure, et un grand nombre de gentilshommes agriculteurs, tels qu'Olivier de Serres, seigneur du Pradel, appliquaient à leurs domaines les principes d'une habile agronomie.

Malheureusement, Louis XIV acheva d'annihiler ces grandes indi-

[1] On a retrouvé près de Valenciennes, en 1852, des tuyaux d'assainissement placés dans un vaste terrain, selon les principes modernes du drainage.

vidualités de nos provinces abattues déjà par ses ancêtres; il séduisit par les enivrements de sa cour cette noblesse française autrefois si indépendante et si forte. Désormais elle vit loin du centre de son influence; les populations rurales, dont ces puissants propriétaires étaient les patrons et les protecteurs naturels, restent sans appui; les revenus qui jadis fécondaient la campagne autour d'eux sont follement dissipés dans le luxe des fêtes et des carrousels; leurs terres s'épuisent d'autant plus vite que leurs tenanciers sont pressurés pour fournir l'argent prodigué ailleurs ou pour payer les dettes contractées.

Bientôt on les voit chercher dans les fonctions publiques, les pensions et les charges de cour, des suppléments à leurs ressources qui deviennent chaque jour plus insuffisantes.

C'est ainsi que, depuis la fin du règne de Louis XIV jusqu'à la révolution, l'agriculture française est tombée dans le plus triste état de décadence et de misère.

La plupart des impôts avaient décuplé depuis la mort de Henri IV.

« Il est ordinaire, dit Boisguillebert [1], lieutenant général au bail- « liage de Rouen en 1697, de voir des paroisses, où il y avait autre- « fois 1,000 à 1,200 bêtes à laine, n'en avoir plus présentement que « le quart, ce qui oblige d'abandonner une partie des terres, parce « que, quand il y a besoin d'améliorations, on ne peut ou *on n'ose-* « *rait* les y faire. »

C'était les tristes et inévitables fruits des impôts écrasants qui, sous les noms de taille, de capitation, de dixième, de gabelle, aides, traites, etc., pesaient sur le paysan sans défense.

« Les choses sont réduites à un tel état, dit à son tour Vauban [2], « que le laboureur qui pouvait avoir une ou deux vaches et quelques « moutons ou brebis, avec quoi il pouvait améliorer sa ferme ou sa « terre, est obligé de s'en priver pour n'être pas accablé par la taille « l'année suivante, comme il ne manquerait pas de l'être s'il gagnait « quelque chose et qu'on vît sa récolte un peu plus abondante qu'à « l'ordinaire. C'est pour cela qu'il vit pauvrement, va presque nu et « laisse dépérir sa terre, de peur que, si elle rendait ce qu'elle pou- « vait rendre étant bien fumée et bien cultivée, on n'en prît occasion « de l'imposer doublement à la taille. »

De telles vérités ne plaisaient pas au grand roi, et Vauban mourut disgracié.

Rousseau raconte les terreurs d'un paysan chez lequel il entra en 1732 pour demander un frugal repas, et les précautions dont

[1] Auteur du *Détail de la France*, économiste précurseur de Quesnay et d'Adam Smith.

[2] *Dîme royale*.

s'entoura celui-ci pour cacher sa modeste aisance à tous les yeux. « Ce ne fut, dit-il, qu'après être bien assuré que son visiteur n'était « point entré chez lui pour le vendre et avoir jugé de la vérité de « son histoire par celle de son appétit, qu'il lui avoua la nécessité où « il était de cacher son vin à cause des aides, son pain à cause de « la taille, parce qu'il serait un homme perdu si l'on pouvait se dou- « ter qu'il ne mourût pas de faim [1]. »

Mais le triste récit des violences, des exactions et de la rapacité des collecteurs et des commis dans certaines intendances, dénoncées au roi par la cour des aides, dépasse encore ce qui précède. Qu'il nous soit permis de rappeler que ce fut Lamoignon de Malesherbes, notre bisaïeul, premier président de cette cour, qui rédigea et osa porter au souverain ces courageuses remontrances.

Il y signalait des villages entiers livrés au pillage par ces concussionnaires avides et leurs malheureux habitants dépouillés de leurs récoltes, de leurs meubles et des portes même de leurs pauvres chaumières, pour s'être vus dans l'impossibilité de payer des taxes qu'ils ne devaient pas [2].

Ces remontrances étaient adressées à ce jeune roi de vingt et un ans, ami du peuple, à la défense duquel M. de Malesherbes devait plus tard sacrifier sa vie.

Est-il étonnant que le célèbre voyageur anglais Arthur Young ait remarqué tant de landes et de terres incultes dans son excursion à travers nos provinces en 1789.

Le dédain des grands propriétaires pour l'agriculture était devenu tel, qu'il a pu dire :

« Toutes les fois que vous rencontrez les terres d'un grand sei- « gneur, vous êtes sûr de les trouver en friches. »

Et cependant une notable amélioration s'était déjà produite depuis 1770.

On a peine à comprendre que Colbert, dont le génie créateur a su développer à un si haut degré l'industrie, la marine et le commerce, n'ait pas agi pareillement en faveur de l'agriculture, car il avait trop de clairvoyance pour ne pas s'apercevoir que la production de l'admirable sol de la France est la véritable source de sa richesse et de sa grandeur.

Sur le commerce des céréales, Colbert mit en pratique les plus fausses doctrines. Ainsi, il ne cessa d'entraver la circulation des blés.

Après lui, ses successeurs défendirent le commerce des grains de

[1] *Confessions.*

[2] Remontrances de la cour des aides au roi sur les impôts, en 1775.

province à province. En 1770, l'abbé Terray, contrôleur général, interdit leur exportation, et c'est alors que Turgot lui écrit ces lettres immortelles si pleines de vues profondes et de dévouement généreux pour le soulagement des peuples.

Louis XVI, qui avait le cœur de Henri IV, mais n'en avait pas le génie, voulut restaurer l'agriculture. Ses courtisans sourirent sans doute en le voyant porter un jour à sa boutonnière la fleur de cette plante dont le précieux tubercule, dû à Parmentier, a été si justement qualifié de *pain tout fait*.

Ce fut aussi ce jeune roi qui chargea Daubenton d'importer d'Espagne les premiers béliers mérinos auxquels notre agriculture a dû, au commencement de ce siècle, une tardive renaissance. Nos troupeaux se multiplièrent et en même temps l'industrie lainière prenait une grande extension.

Dès lors les cultivateurs, plus aisés, améliorèrent leurs terres, et l'on vit, surtout dans le nord de la France, une foule de fermiers intelligents imprimer une nouvelle impulsion à l'industrie du sol et remplir en quelque sorte le rôle des grands propriétaires, mais sans pouvoir, comme ceux-ci, entreprendre les améliorations foncières.

Cependant ces derniers, par une heureuse réaction, commençaient à reprendre le chemin de leurs domaines et le goût des choses rurales. Déjà on les voyait envier l'honneur de remporter des couronnes dans nos grands concours.

C'est alors que se produit une crise inattendue, amenée par la désertion des ouvriers ruraux, et qui rompt de nouveau cet accord entre les diverses forces productrices dont nous avons signalé plus haut la nécessité.

Ce n'est plus aujourd'hui le grand propriétaire qui s'éloigne de la terre, c'est le travailleur agricole qui la fuit.

Le mal est immense, il s'aggrave chaque jour ; il n'est pas possible d'en mesurer les conséquences

Dès 1861, le recensement accusait un déficit de 2,119,781 dans la population rurale ; M. Thiers, en l'estimant cette année à 3 millions, n'a sans doute pas été loin de la vérité.

La pénurie de bras est telle aujourd'hui que, dans plusieurs localités, on n'a pu à aucun prix s'en procurer pour les travaux de la dernière moisson. Plusieurs cultures industrielles très-lucratives, telles que celles du colza, du lin, etc., dont la récolte doit être exécutée rapidement, sont abandonnées par la crainte de ne pas trouver d'ouvriers pour la faire.

Remarquons, en outre, que le vide se produit précisément au moment où l'adoption d'assolements plus perfectionnés nécessite un accroissement de main-d'œuvre.

Telle est aujourd'hui la plaie vive de l'agriculture. En vain y cherche-t-on un remède efficace ; chacun donne le sien, mais le fléau, comme aux temps des grandes épidémies, continue ses ravages en dépit des recettes.

Nous nous bornerons, dans cette étude, sinon à indiquer une médication radicale, du moins à proposer quelques palliatifs.

L'habitant de nos campagnes va à la ville parce qu'il y gagne davantage en travaillant moins ;

Parce qu'il y est plus indépendant ;

Parce qu'il y trouve des distractions et des plaisirs qu'il n'a pas au village ;

Parce qu'il y reçoit plus d'assistance en cas de maladie ;

Enfin, parce que le travail de la terre, trop peu honoré, le rebute et humilie son orgueil.

Il en est de même de nos paysannes que le goût du luxe et de la toilette éloigne de la ferme. Les doigts, même de celles que leur pauvreté fait admettre gratuitement à l'école du village, y apprennent à manier l'aiguille à tapisserie et à broderie. Comment se résigneraient-elles ensuite à traire les vaches et à balayer les étables ?

Elles n'aspirent donc qu'au bonheur d'entrer en magasin ou en service, et Dieu sait où les conduit souvent leur répugnance pour les mœurs laborieuses de leurs mères !

Il faut, pour être juste, reconnaître que si l'on accuse les villes de nous enlever nos ouvriers, elles n'en sont pas seules coupables ; les grands travaux publics de toute nature y contribuent, dont plusieurs sont d'incontestables bienfaits pour l'agriculture, tels que canaux, voies ferrées, chemins de petite et de grande vicinalité, etc. Les uns et les autres retirent beaucoup de bras au travail agricole proprement dit.

Il n'est pas jusqu'à l'amélioration du service postal qui, en multipliant le nombre des facteurs ruraux, n'exerce encore sous ce rapport une certaine influence.

La nouvelle législation commerciale a-t-elle aussi sa part dans la situation critique de l'agriculture ? Nous le croyons, mais les traités de commerce et les lois de douane peuvent se modifier plus facilement que les mœurs, et c'est surtout l'abandon des anciennes mœurs rurales qui crée la crise actuelle.

I

Les 161 articles du volumineux Questionnaire officiel élaboré dans les bureaux du ministère de l'agriculture auraient pu se réduire, selon nous, aux trois propositions suivantes :

1° L'agriculture souffre-t-elle réellement?

2° Dans ce cas, quelles sont les causes de ses souffrances?

3° Quels sont les moyens d'y porter remède?

Les réponses à ces questions eussent été laissées à l'initiative des sociétés et comices agricoles, des chambres d'agriculture et des simples cultivateurs dont la pensée n'aurait pas été enserrée dans un formulaire fatigant et souvent obscur.

L'enquête a eu déjà cependant un résultat considérable en attirant sur les intérêts généraux de l'agriculture l'attention publique qui y était restée trop longtemps étrangère, et en éclairant à la fois le gouvernement et les chambres sur ces grands intérêts.

Mais l'enquête aura un autre résultat moins prévu et peut-être plus important encore, celui de porter la lumière dans l'esprit des agriculteurs eux-mêmes sur leurs besoins réels, sur les moyens dont ils peuvent disposer pour les satisfaire, sur la nécessité d'étudier plus attentivement les lois économiques de leur industrie.

Si le gouvernement et les chambres ont reconnu que, sous bien des rapports, les cultivateurs ne se plaignent pas sans raison, ceux-ci à leur tour répudieront et modifieront des idées économiques trop exclusives et des doctrines qui convenaient à un passé qui n'est plus.

L'agriculture se trouve aujourd'hui à une de ces époques où les faits sont plus forts que les hommes, où personne en particulier n'est coupable du mal, où chacun en a sa part de responsabilité et où tous doivent se réunir pour le vaincre.

Nous avons déjà exposé la cause capitale de son malaise. Nous en énumérerons rapidement quelques autres.

Avilissement du prix des céréales depuis quelques années:

Renchérissement de la main-d'œuvre qui a atteint une proportion de 30 à 100 pour 100 selon les localités, fait qui se rattache à la rareté des bras et qu'on ne peut d'ailleurs regretter en lui-même, puisqu'il contribue au bien-être de la classe ouvrière.

Ce qu'on doit désirer, c'est que l'industrie agricole, donnant un jour autant de profit que l'industrie manufacturière, puisse accorder à ses ouvriers des salaires aussi élevés que cette dernière.

Exagération et mobilité des droits dont sont frappés plusieurs produits agricoles, en particulier le sucre et l'alcool, cette double richesse de l'agriculture du Nord, ainsi que le sel.

Droits excessifs d'enregistrement et de mutation.

Absence de capitaux et de crédit. Les premiers reviendront à l'agriculture quand l'exploitation en sera plus savante et plus lucrative et aussi quand ceux créés par la production du sol n'iront plus s'aventurer à l'étranger dans des entreprises qui n'amènent trop souvent que des déceptions.

La France ne doit pas ressembler à l'Irlande, où la terre s'épuise à produire une richesse qui s'écoule et se consomme loin d'elle. N'avons-nous pas entendu M. Magnien dire au Corps législatif, sans être contredit, que, de 1855 à 1865, 8 milliards 264 millions d'argent français, tiré en grande partie de nos campagnes, avaient passé nos frontières!

Quant au crédit, nous exposerons plus loin comment nous comprenons qu'il pourrait venir en aide à l'agriculture.

Pour les grandes exploitations par lesquelles les marchés de grains sont alimentés, concurrence de la petite culture qui produit à moins de frais, grâce au travail économique et souvent excessif de tous les membres de la famille[1].

Diminution graduelle de la valeur monétaire; brièveté des baux et nécessité fréquente où se trouve le fermier de subir, à la fin de son bail, les conditions de son propriétaire, sous peine de perdre le fruit de ses avances.

Rareté du capital moral et intellectuel, c'est-à-dire du savoir et de l'intelligence. L'agriculture, sauf de nombreuses et honorables exceptions, manque des capacités qui pourraient la faire progresser.

Dans cette situation générale, la pauvreté des récoltes fourragères pendant les deux dernières années a été une nouvelle calamité pour le cultivateur forcé de vendre à bas prix une partie de son bétail et de réduire ses engrais.

Mais après avoir signalé les principales causes de la gêne actuelle des producteurs agricoles, nous sera-t-il donné de discerner les remèdes qu'on doit y appliquer?

Cherchons du moins, dans cet ordre d'idées, ce que peuvent, d'une part, la législation et le gouvernement; ce que peuvent, de l'autre, les agriculteurs eux-mêmes.

II

COMMERCE DES CÉRÉALES

Il convient de poser d'abord nettement les principes, d'étudier les faits et de faire justice des préjugés, de quelque part qu'ils viennent.

[1] Il résulte, de l'enquête dans le département de l'Oise :

Que la grande culture produit plus que la petite culture, et celle-ci plus que la moyenne :

La petite culture y comprend 10 hectares et au-dessous ;

La moyenne culture, de 10 à 80 hectares ;

La grande culture, 80 hectares et au-dessus.

Le traité de commerce du 20 janvier 1860, *n'a pas établi le régime de libre échange*, puisqu'il autorise par son article 1er des droits s'élevant jusqu'à 30 p. 100 de la valeur des produits étrangers[1].

Aujourd'hui même plusieurs articles industriels de production étrangère sont frappés de droits s'élevant à 8, 11, 22 et jusqu'à 30 p. 100 de leur valeur.

Le libre échange se trouve-t-il dans la loi du 15 juin 1861 qui a supprimé l'échelle mobile? pas davantage, car cette loi assujettit les farines et les blés étrangers à des droits de 50 centimes par navire français et de 1 franc par navire étranger[2], droits trop faibles, il est vrai, mais qui n'en affirment pas moins le principe de l'équilibre des charges.

La surtaxe par navire étranger est fictive : en effet, dit l'exposé des motifs de la loi, « des traités particuliers de navigation l'ont « supprimée pour tous les transports qui se font directement de « certains pays de production et d'entrepôt par la marine de ces pays, « c'est ainsi que l'Angleterre, la Russie, les États-Unis et la Sardaigne « peuvent nous amener leurs grains *sans que leur pavillon ait à subir « une augmentation de droits*[3]. »

Si le législateur de 1861 n'est pas libre-échangiste on peut dire que le souverain ne l'est pas davantage, et c'est lui-même qui, après une conférence avec les maîtres de forges, a fixé à 22 fr. 25 centimes le droit sur les fers étrangers.

Posons ici une distinction fondamentale entre un *droit* protecteur et un *droit fiscal*.

Moins il entre de blés étrangers, a dit M. Léonce de Lavergne qui fait autorité en matière d'économie agricole, plus le droit protecteur atteint son but.

Plus il entre de produits étrangers, plus *le droit fiscal* atteint le sien.

L'agriculture, nous avons l'orgueil de le dire, peut se passer du premier, mais elle a droit de réclamer le second au nom de la justice.

Elle ne veut pas de faveur, mais elle réclame l'égalité.

La liberté du commerce dont M. de Lavergne a toujours été le zélé défenseur ne doit pas être confondue avec cette liberté sans limite et sans frein que rêve certaine école *libre-échangiste*.

[1] Article 1er. S. M. l'Empereur des Français s'engage à admettre les objets ci-après dénommés, d'origine et de manufacture britanniques, importés du Royaume-Uni en France, moyennant un droit *qui ne pourra en aucun cas dépasser 30 pour 100 de la valeur*, les deux décimes additionnels compris.

[2] Par quintal métrique.

[3] Présentation et exposé des motifs, le 22 mars 1861 ; rapport par M. Vernier.

Le blé étranger doit payer à son entrée en France l'équivalent de l'impôt payé par le blé français.

Voilà l'égalité, voilà la justice.

Hors de ce principe, il n'y a qu'arbitraire. Pourquoi ne pas fixer le droit à 2 francs, comme le demandait l'amendement de M. Pouyer-Quertier au Corps législatif? ou même à 4 francs, comme on l'a réclamé au sein de la Société impériale et centrale d'agriculture?

« En fait, tout droit supérieur à l'impôt payé par le blé français « est une protection en faveur du blé français.

« Tout droit inférieur à cet impôt est une protection en faveur du « blé étranger[1]. »

Nos blés, d'après les calculs de M. de Lavergne, confirmé en cela par les organes du gouvernement, payent à l'impôt 1 franc par hectolitre, ou 5 p. 100 de leur valeur au prix de 20 francs.

Il est donc juste de fixer à 1 franc par hectolitre, ou 1 fr. 25 centimes par quintal, le *droit d'équilibre* sur les blés étrangers.

« L'impôt foncier portant sur les terres ensemencées en céréales, « a dit, au Sénat, M. le baron de Butenval, ressort à 5 p. 100 « environ, et c'est effectivement la proportion la plus généralement « acceptée. » — En supposant le blé à 20 francs l'hectolitre, le droit devrait donc être de 1 franc par hectolitre.

Le droit de 5 p. 100 serait assez élevé pour garantir les intérêts légitimes de la production nationale, en même temps qu'il accroîtrait les ressources du Trésor ;

Il serait assez bas pour pouvoir être maintenu sans préjudice sensible pour le consommateur, même dans les années de mauvaise récolte selon le principe invoqué dans l'exposé même des motifs de la loi.

Nous y lisons :

« Si pour l'importation de quelques-unes des denrées alimentaires « venant de l'étranger, l'article 1er de la loi établit des droits d'entrée, « il faut remarquer que ces droits sont, à la différence de ceux de « l'échelle mobile, *fixes et invariables* dorénavant ; que le chiffre *en « est assez peu élevé* pour qu'on ne soit jamais tenté de les supprimer, « *même dans les années de cherté et de disette* ; que ces droits ne sont « plus *protecteurs* de l'agriculture française, mais qu'ils ne sont désor- « mais établis que par un but purement *fiscal* et comme ressource « pour le *trésor public*[2].

« Le gouvernement et la chambre, a dit M. Forcade de la « Roquette, commissaire du gouvernement, ont reconnu la nécessité

[1] M. Léonce de Lavergne.

[2] Exposé des motifs de la loi du 15 juin 1861

« d'un droit fixe; le gouvernement avait proposé de le porter à « 1 franc. *Que ce droit soit élevé* ou non, il faut qu'il soit fixe, non une « échelle mobile déguisée[1] »

Un droit modéré n'entraverait pas la liberté du commerce que M. Rouher a appelée éloquemment une assurance universelle contre d'immenses désastres.

Mais ce n'est pas assez de songer aux intérêts du commerce extérieur, il faut en outre garantir la sécurité du commerce intérieur en mettant les agriculteurs, les commerçants et les meuniers à l'abri de cette odieuse suspicion qui pèse sur eux quand le blé renchérit et qui devient dans certains instants une redoutable menace, dont le code pénal est lui-même un peu complice par ses articles 419 et 420.

Ces articles doivent être revisés en ce qui concerne le commerce des grains; ils ne sont plus en harmonie avec les besoins et les habitudes modernes.

On a attribué l'avilissement du prix des céréales à l'abondance des trois dernières récoltes et à celle des réserves en magasin; mais il est démontré aujourd'hui que le stock de 52 millions d'après les uns[2], de 65 millions d'après les autres[3], était une de ces illusions de la statistique qui égarent trop souvent la bonne foi des argumentateurs les plus éclairés.

On a calculé sur la consommation moyenne de la France en temps ordinaire sans se rendre compte de l'énorme excédant consommé par les hommes et les animaux en cas de mévente du blé.

Les cultivateurs ne prévoyant pas la hausse, en présence de la libre entrée de blés étrangers, ont écoulé leurs réserves qui ont contribué à avilir encore les prix.

En fait, n'est-on pas fondé à supposer que les grandes réserves ont fait leur temps? C'était déjà l'opinion de M. de Gasparin il y a plus de trente ans.

Il semblerait surtout qu'elles n'ont plus la raison d'être sous le régime de la liberté générale du commerce des céréales.

Cependant de puissantes compagnies se forment, dit-on, en Angleterre, pour établir des greniers de réserves sur une très-grande échelle.

En France même, de bons esprits les préconisent, particulièrement comme instruments de consignation et de crédit pour le cultivateur.

[1] Séance du 9 mars 1866.
[2] M. Rouher, au Corps législatif.
[3] M. Cornudet, au Sénat.

Quelques uns parmi eux croient que le silo Doyère préconisé par M. Caune, ou le grenier aérateur Deveaux pourrait rendre à cet égard de sérieux services.

De son côté, M. Darblay jeune, membre du Corps législatif et chef de notre plus forte maison de commerce de céréales, émettait le vœu, dans la séance du 3 avril 1864, que des magasins généraux fussent établis dans toutes les grandes villes où se tiennent les marchés de quelque importance, afin que le cultivateur puisse profiter pour vendre de l'amélioration des cours.

Nous nous demandons, quant à nous, si les meilleures et les plus sûres réserves ne sont pas celles que les cultivateurs forment eux-mêmes sous forme de meules, à proximité de leur habitation, et qui renferment habituellement de 150 à 250 hectolitres de blé. Celui-ci s'y conserve très-bien ; vendu au négociant sur échantillon, il peut, avec le secours de la machine à battre Albaret, mue par la vapeur, lui être livré presque immédiatement.

Quoi qu'il en soit, nous craignons bien que la liberté illimitée du commerce n'amène pour nous ce résultat, d'acheter le blé cher à l'étranger en temps de disette et de le lui vendre à bas prix dans les années d'abondance.

Il est vrai que nous aurons la consolation de voir figurer sur les états de douane de magnifiques tableaux d'importation et d'exportation.

Si l'on jette les yeux sur ceux qui ont été récemment publiés, on trouve que pendant les trois années qui ont succédé à la loi du 15 juin 1861, les importations de blé ont excédé les exportations de la quantité énorme de plus de 18 millions d'hectolitres[1].

Mais il est juste de reconnaître, en même temps, que, pendant les deux années qui ont suivi et le commencement de celle-ci, il s'est produit un mouvement en sens inverse.

Il y a donc lieu de penser que la substitution d'un droit fixe à la mobilité du droit peut exercer une influence favorable sur nos exportations, qui, depuis 1860, se sont accrues de 40 pour 100.

On a dit qu'un droit fixe nuirait à la sortie de nos blés en forçant les étrangers de porter les leurs sur les autres marchés et qu'il diminuerait ainsi sur ces marchés la part d'exportation de la France ; mais le faible droit de 1 franc plus que compensé par la différence du prix du fret[2], ne saurait être un obstacle à notre exportation en Angleterre où le taux du blé est, en général, supérieur de 2 fr. à celui du nôtre[3], et qui, selon M. Rouher, achète chaque année,

[1] 18,448,596 hectolitres.

[2] Il n'y a pas moins de 900 lieues pour aller, par mer, de Marseille à Londres.

[3] M. le baron de Butenval, au Sénat.

pour sa consommation, environ 20 millions d'hectolitres de froment[1].

On a signalé avec plus de raison comme un grave abus l'énorme importation en franchise pour la réexportation en farine au moyen des acquits à caution, et l'on est à peu près unanime pour demander que le décret du 22 août 1861 qui autorise cette opération soit rapporté[2].

En 1865, sur 2 millions de quintaux métriques importés, a dit M. de Lavergne, 44 mille seulement ont payé le droit; autant dire qu'il n'existe pas.

En résumé, tout en écartant les exagérations de part et d'autre, il est difficile de nier que l'entrée presque en franchise des céréales étrangères ait été sans influence sur la crise actuelle.

M. Cornudet, commissaire du gouvernement, a reconnu lui même au Sénat l'état de gène du producteur agricole. « Les agriculteurs, « a-t-il dit, affirment qu'ils perdent sur le prix de revient, et cela est « probablement vrai pour le plus grand nombre[3]. »

N'est-ce pas là un triste aveu!

Les personnes étrangères à l'agriculture se persuadent que la situation du cultivateur s'est très-améliorée parce que le blé qu'il vendait 16 fr. l'hectolitre a atteint le prix de 25 fr. Mais il est facile de leur démontrer que l'élévation du cours du blé peut, suivant les circonstances, ne pas apporter, à la fin de l'année, un sou de plus dans sa bourse.

Le prix de revient d'un hectolitre de blé, difficile à déterminer exactement, car il varie d'une exploitation à une autre, est généralement évaluée dans les départements du nord, producteurs de blé, à environ 18 fr.

S'il se vend 16 fr., le producteur est donc en perte de 2 fr.; à 20 fr., son bénéfice est de la même somme.

Au prix de 20 fr., une récolte de 100 hectolitres coûtant 1,800 fr., donne un produit de 2,000 fr. et un bénéfice de 200 fr. au cultivateur.

Que si, à la suite d'accidents atmosphériques ou autres, la récolte se trouve réduite de moitié, c'est-à-dire à 50 hectolitres, les frais généraux d'administration, labours, hersages, fumure, semence, etc., étant les mêmes, soit 1,800 fr., les 50 hectolitres à 20 fr. ne se vendront que 1,000 fr., ce qui constituera le producteur en perte de 800 fr.

A 25 fr. l'hectolitre, le prix de vente ne ressortira qu'à 1,250 fr. et la perte à 550 fr.

[1] Séance du 10 mars 1866.
[2] Il ressort de France 70 pour 100 de farine sur le quintal de blé importé.
[3] Séance du 11 mai 1866.

Pour procurer le bénéfice modéré de 200 fr. indiqué plus haut, il faudrait que les 50 hectolitres se vendissent au prix de 40 fr., ce qui ne sera jamais à désirer.

En estimant la récolte de cette année inférieure d'un quart seulement à une année moyenne, ce qui est plutôt au-dessous qu'au-dessus de la vérité, le chiffre de 100 hectolitres, que nous avons supposé, serait réduit à 75 qui, se vendant 25 fr., produirait 1,875 fr. et ne donnerait au cultivateur qu'un bénéfice de 75 fr., ou 1 fr. par hectolitre.

On a donc grand tort de croire qu'une hausse sensible des prix est une source assurée de gain pour le fermier ; elle a toujours pour cause une mauvaise récolte et les cours peuvent être élevés sans être rémunérateurs.

Il est évident d'ailleurs que dans les années de disette, l'introduction des blés étrangers, quelles que soient les réserves ordinaires, devient nécessaire pour modérer les prix.

On peut présumer que le taux actuel du blé en France fléchira peu ; la récolte de 1866 a été médiocre en Angleterre, aux États-Unis et au Canada comme chez nous. La Russie et l'Espagne seront seules, selon toute apparence, pour combler le déficit des autres contrées, et elles auront peine peut-être à y suffire.

M. Thiers avait donc raison quand il disait cette année :

« L'agriculture est la clef de voûte de toutes nos industries, et les « céréales sont la clef de voûte de notre industrie agricole. »

La vie à bon marché, dont on parle souvent, est un bien pour la classe ouvrière, mais seulement dans de certaines limites ; le prix trop bas du pain, par suite de l'avilissement de celui du blé, est un mal pour tout le monde :

Pour le cultivateur, c'est la gêne, et, par suite, le ralentissement, dans les campagnes, des travaux de tous les corps d'état ;

Pour l'ouvrier, trop souvent imprévoyant, c'est la paresse et la fréquentation du cabaret ; pour l'industrie manufacturière, c'est la réduction de la consommation de 24 millions d'agriculteurs.

Ce qu'il faut, c'est une juste proportion entre le prix des salaires et les moyens de subsistance.

Le faible droit de 5 pour 100 en faveur de nos blés réclamé au nom du principe de justice et d'égalité serait bien insuffisant s'il ne s'étendait aux autres produits de notre agriculture, laines, bestiaux, spiritueux, lins, graines oléagineuses et tinctoriales, etc., qui supportent chez nous un impôt d'au moins 5 pour 100 de leur valeur.

Cette mesure d'ensemble apporterait un certain soulagement au producteur français et procurerait au Trésor (en prenant pour base d'évaluation les derniers tableaux d'importation) une somme d'environ 30 millions, à l'aide de laquelle on pourrait réduire, sans préjudice pour les revenus publics, une partie des charges qui pèsent sur l'agriculture, telles que l'impôt sur les liquides et l'impôt sur les mutations.

Le droit actuel sur les farineux n'est que de 1,72 pour 100, celui sur les bestiaux de 0,34 à 1 pour 100 [1].

L'importation des lins russes a amené une baisse de 40 pour 100 sur les lins indigènes.

En 1864, la France a reçu en franchise 300 millions de kilogrammes de laines étrangères ; aussi l'effectif de nos troupeaux a-t-il diminué de 2 à 3 millions, c'est-à-dire de 10 pour 100 depuis quelques années.

L'importation des moutons a plus que quadruplé depuis quinze ans, a dit M. de Lavergne ; elle a passé de 200,000 têtes à 850,000.

Depuis trois ans, il est vrai, nos importations en bétail de toute espèce ont notablement diminué, et nos exportations, au contraire, se sont développées ; mais ce fait s'explique par l'épizootie qui, depuis cette époque, désole l'Angleterre ; ce pays, grand consommateur de viande, demande des bestiaux à tous les autres peuples.

En définitive, la plupart de nos produits ont eu à souffrir, et sans attribuer tout le mal au traité de commerce, nous ne l'en croyons pas entièrement innocent. Avant lui, du moins, la prospérité des campagnes avait suivi une marche ascendante et le bien-être général s'y était sensiblement accru.

En ce qui concerne le commerce des grains, nous pensons avec le marquis de Vogüé que la suppression de droit sur les blés étrangers a eu pour conséquence l'absence de toute spéculation intérieure, l'empressement de vendre et la dispersion de nos réserves locales.

Nous eussions désiré surtout, avec le comte de Falloux, que la transition d'un régime à un autre fût plus prudemment ménagée.

III

CRÉDIT AGRICOLE

Il est un adage souvent répété à la campagne : Le fermier qui emprunte, y dit-on, est un fermier ruiné ; s'il a recours au crédit, c'est

[1] M. Charles Dupin, au Sénat.

pour acheter de la terre sans avoir les ressources nécessaires pour l'exploiter, ou c'est afin de solder son arriéré envers son propriétaire. Dans l'un et l'autre cas, c'est aux taux de 6, 7 et 8 pour 100 qu'il se procure des fonds, tandis que son industrie ne lui donne qu'un intérêt de 3 à 4 pour 100 du capital qu'il a engagé.

Mais les institutions ne sont faites que pour ceux qui savent s'en servir avec sagesse, non pour ceux qui en mésusent.

Le propriétaire trouve dans sa terre le gage qui lui permet d'emprunter; encore les formalités à remplir pour puiser au Crédit foncier ou agricole ne lui permettent-t-elles que difficilement de se procurer de l'argent.

Ce gage, le fermier ne le possède pas, et pourtant il existe bons nombre d'opérations pour lesquelles les ressources du crédit lui seraient précieuses et qui profiteraient à la propriété autant qu'à lui-même, telles que drainage, marnage, irrigation, plantations, clôtures, constructions, etc. La plupart de ces opérations devraient incomber il est vrai, au propriétaire, puisqu'elles accroissent la valeur foncière de sa terre, mais le propriétaire est le plus souvent profondément ignorant des exigences du sol et de sa mise en valeur; ce n'est pas là un des moindres vices de l'éducation publique en France.

Plus éclairé sur ses propres intérêts, il serait lui-même, toutes les fois qu'il le pourrait, le bailleur de fonds de son fermier. C'est ce qui a lieu dans les contrées où le système du colonage partiaire sur place est bien pratiqué; ce système, désastreux quand le propriétaire ne lui prête pas son concours, est le plus naturel et le plus parfait quand il constitue l'association féconde d'un propriétaire instruit et d'un cultivateur intelligent.

Le fermier ne peut profiter des institutions de crédit qu'à deux conditions : obtenir de longs baux et offrir un gage sérieux au prêteur.

L'extrême mobilité de la propriété est, en France, un grand obstacle à la prolongation des baux.

Quant au gage, on se demande pourquoi le fermier ne le trouverait pas dans une partie de son matériel d'exploitation, instruments de culture, machines, bestiaux, semences et engrais, produits en magasins, etc.

Voici les difficultés; il faudrait dépouiller pour cela le propriétaire de son privilége garanti par l'article 2102 du Code Napoléon, et modifier cet article.

Ce dernier système a été récemment exposé d'une manière fort séduisante par l'honorable M. Rivet, ancien député et conseiller d'État. Il aurait pour résultat :

1° D'étendre aux vendeurs d'engrais, d'amendements, de machines et de bestiaux, le privilége accordé par la loi aux vendeurs des semences et aux prêteurs pour les frais de la récolte ;

2° D'atteindre par le privilége, à défaut des récoltes, tout ce qui garnit la ferme ou sert à son exploitation, *par préférence au propriétaire*, mais seulement après que celui-ci a été payé de tout ce qui lui est dû sur les fermages échus et le terme courant, et en maintenant son privilége pour la garantie des termes à échoir *après que le vendeur aura été désintéressé.*

Mais nous nous demandons si cette faculté pour le fermier d'emprunter même *avec destination spéciale*, en affaiblissant le privilége du propriétaire, ne rendra pas celui-ci plus exigeant à l'égard de son fermier, plus rigoureux en cas de retard sur ses termes.

Nous nous demandons si cette facilité ne pourra pas devenir, dans certains cas, la source d'entente coupable et d'actes de mauvaise foi.

L'effet et la durée des engrais industriels est très-variable, ils ne sont pas toujours judicieusement appliqués[1] ;

Les machines se détériorent ;

Les cheptels, ainsi que le dit l'auteur lui-même, se déplacent.

Le fermier aventureux ne pourra-t-il pas se procurer à crédit, en servant un intérêt, des engrais fort chers, des machines et des animaux dans l'espoir d'améliorations chimériques et de bénéfices qui ne se réaliseront pas ?

Enfin n'arrivera-t-il pas, par ces motifs, comme le prévoit M. Rivet lui-même, que le propriétaire se sentant menacé, imposera par le bail à son fermier la défense de recourir à la faculté écrite dans la loi ?

Le gage le plus sérieux, selon nous, que le fermier puisse offrir, c'est sa moralité, sa considération personnelle, son savoir, son habileté éprouvée.

C'est principalement sur ce gage d'un ordre moral que reposent les institutions qui en Écosse, en Pologne et en Allemagne[2] rendent de si grands services à l'agriculture.

« Le premier soin d'une banque écossaise, lisons-nous dans la « *Quarterly Review*, c'est de s'assurer de la moralité de celui qui « vient lui demander un compte ouvert ».

La banque exige de ce cultivateur la caution de deux personnes solvables, obtenue aisément, ce qui ne l'empêche pas de surveiller attentivement la conduite et les actes de son débiteur.

(1) Les savantes expériences de M. Ville lui-même n'ont pas dit leur dernier mot.

(2) Elles ont été étudiées par M. Royer, et plus récemment par M. Josseau, délégués du gouvernement.

« Les banques d'Écosse, a dit à son tour M. Blanqui de l'Institut[1], « sont une école de morale : leurs directeurs exercent un contrôle « tout naturel sur la conduite de chaque individu inscrit sur les « registres.

« Quand un homme se présente, avant qu'on escompte pour « ainsi dire sa probité, on s'enquiert sérieusement de sa moralité « et de ses antécédents : La probité, seule propriété du pauvre, est « donc un capital qui lui rapporte. »

En France, pour que ce gage moral du cultivateur puisse lui procurer le crédit dont il a besoin, il devra être contrôlé par des arbitres compétents suivant *sur place* ses opérations, en d'autres termes, on aura recours à des intermédiaires entre ce cultivateur et la société financière, placés assez près du premier pour bien connaître sa situation, ayant assez de lumière et d'honorabilité pour justifier la confiance de la seconde.

Ces intermédiaires ne peuvent être que des associations *locales* de capitalistes, propriétaires, fonciers et agriculteurs aisés, telle qu'il en existe déjà une dans le département de Seine-et-Marne.

Ces sociétés *locales* de crédit seraient, en quelque sorte, des succursales de la société *centrale* du Crédit foncier ou du Crédit agricole qui jusqu'à ce jour n'ont malheureusement pas répondu au vœu de leurs fondateurs.

Les sociétés locales seront crées par actions avec un capital plus ou moins considérable selon l'importance agricole de leur circonscription.

Elles recevraient en dépôt, contre un intérêt modéré, comme les banques écossaises, les sommes que les propriétaires ruraux ou cultivateurs tiennent inactives dans leur caisse pendant plusieurs mois, et elles prêteraient à ceux de leurs actionnaires qui auraient besoin de fonds *pour des opérations déterminées*, dans des proportions prévues par leurs statuts ou fixées par leur conseil d'administration.

Ces associations seraient donc utiles à la fois à ceux qui y feraient fructifier temporairement leurs fonds et à ceux qui leur emprunteraient.

En favorisant et provoquant même leur création la Société du crédit agricole deviendrait une vérité.

Mais pour qu'un tel bienfait pût se réaliser, il faudrait que les capitaux français fussent abondants et à bas prix, se portant moins sur les valeurs industrielles à produits élevés, faciles à réaliser, exempts d'impôts ou n'en supportant que de minimes en comparaison de l'impôt agricole.

[1] *Cours d'économie industrielle* (1859

Il faudrait surtout que les épargnes et les économies de la campagne n'allassent pas s'aventurer, par l'appât de gains souvent illusoires, dans les entreprises et les emprunts étrangers.

Nous nous associons donc pleinement au vœu émis par le congrès des sociétés savantes « pour qu'aucune prime ou lot, au moyen des « tirages, ne rétablisse plus indirectement le jeu de la loterie, et que « les agents des finances cessent d'intervenir dans ces placements. »

Il en résulte, en effet, une concurrence ruineuse pour les emprunts agricoles, et, par suite, une dépréciation très-sensible de la valeur de la terre, c'est-à dire de la richesse immobilière du pays.

Cette dépréciation n'a pas été évaluée, dans le département de l'Oise, à moins de 10 à 30 pour 100, dans un très-grand nombre de communes.

Il peut paraître surprenant qu'en présence de ce fait, le prix de location de la propriété territoriale ne s'abaisse pas; on attribue cette différence à la concurrence du petit cultivateur, que nous avons signalée plus haut : il travaille à outrance, se loge mal, se nourrit maigrement et prend des termes en location à des prix très-élevés.

IV

IMPÔTS.

On semble d'accord sur la nécessité de reviser les lois relatives à l'acquisition des immeubles, ainsi qu'aux droits de succession, et d'exonérer de ces droits les dettes authentiquement constatées.

On demande, en outre, le retour à la loi de 1824, qui soumettait à un droit fixe de 1 fr. l'échange des parcelles contiguës, au lieu du droit proportionnel rétabli par la loi de 1834.

M. Abatucci, garde des sceaux, disait, dans un rapport officiel, que les ventes judiciaires d'immeubles au-dessous de 500 fr. coûtaient 30, 70, et jusqu'à 112 pour 100.

Il y a une urgente nécessité, par suite des modifications que le temps a apporté dans les conditions de la propriété et de l'exploitation du sol, de procéder au remaniement complet des impôts qui, en pesant trop lourdement sur l'agriculture, arrêtent l'essor de la richesse publique.

DROITS SUR LES SUCRES ET LES ALCOOLS.

Le droit de 45 fr. sur le quintal de sucre et de 100 fr. sur l'hectolitre d'alcool ont comprimé l'essor de la première de ces industries et porté à la seconde un coup mortel.

Le droit, pour l'industrie sucrière, dépasse la moitié de la valeur vénale du produit et représente un impôt de plus de 1,000 fr. par hectare.

Pour la distillerie, il représente un impôt de 1,500 à 2,000 fr.

La production du sucre, qui n'était que de 1,695,000 kilogrammes en 1828 a atteint, en 1865, le chiffre de 270 millions de kilogrammes.

Et pourtant la consommation n'est encore, en France, que de 14 kilogrammes en moyenne par habitant, tandis qu'elle est de 37 kilogrammes en Angleterre.

Les droits sur les liquides sont vexatoires et inégalement répartis : tel individu, disait récemment M. le marquis de Lagrange, ne paye que 60 cent. par hectolitre, tandis que tel autre acquitte un droit qui s'élève jusqu'à 20 fr. pour la même quantité.

« Je demande, disait à son tour M. Darblay aîné, à la Société impériale et centrale d'agriculture, qu'on exonère nos sucres et nos « alcools des droits exorbitants qui exténuent la plus belle conquête « de la culture moderne, *la betterave*.

« Le droit de 100 fr. sur les alcools a tué la poule aux œufs d'or. »

C'est, en effet, sur la culture de la betterave et sur ses riches produits que repose l'espoir de notre agriculture.

On jugera de l'importance de cette plante par le tableau suivant :

L'enquête ouverte l'année dernière par *les agriculteurs distillateurs* a établi que sur une surface de 89,457 hectares, comprenant 500 fermes :

	Avant la distillerie.		Depuis la distillerie.
La betterave figurait pour.	1,947	hectares	21,405
Le blé figurait pour.	21,909	hectares	27,570
Le rendement du blé par hectare. . . .	19	hectol.	27
Le nombre de têtes de bétail entretenu. .	25,568		51,489
Le nombre de têtes engraissées.	6,975		40,656
Le nombre d'ouvriers employés en hiver.	4,767		14,718
Le nombre d'ouvriers employés en été. . .	9,851		25,757

On voit clairement ici l'influence de la betterave sur le développement des deux sources principales de l'alimentation publique, le blé et la viande ; elle s'exerce également sur la troisième, *la boisson*, par l'amélioration et la conservation des liquides de faible valeur par eux-mêmes, vins, cidres et poirés, au moyen de l'alcool qu'elle produit et qui permet de les soumettre au *vinage*.

L'opération du vinage avait pris une grande extension et fondé la prospérité de nos distilleries.

Cette pratique n'est pas nouvelle, elle est employée depuis longtemps dans les contrées viticoles

Sept départements du Midi avaient le privilége de viner en franchise de droits, et depuis que ce privilége leur a été enlevé, les propriétaires de vignobles qui seraient forcés de payer désormais un droit de 100 fr. par hectolitre d'alcool, éludent ce droit en brûlant et distillant une partie de leurs vins pour les convertir en alcool et améliorer ce qui leur en reste; ou bien ils les font passer en Espagne d'où ils reviennent alcoolisés, au moyen d'un faible droit de 25 centimes par hectolitre à leur rentrée en France; ou enfin ils importent eux-mêmes des vins d'Espagne alcoolisés à un haut degré pour les mélanger avec les leurs. Dans l'un ou l'autre cas, l'opération se fait au profit de l'étranger et au détriment de nos distillateurs.

En outre, il entre en France des alcools prussiens et anglais qui, exempts des charges que supportent les nôtres, leur font une dangereuse concurrence.

Il est donc à regretter que le Corps législatif ait repoussé l'amendement qui lui avait été présenté l'année dernière par vingt-sept de ses membres[1] et que M. Josseau a appuyé, pour qu'à partir du 1er janvier 1866 les alcools ajoutés aux vins, cidres et poirés soient assimilés aux alcools employés par l'industrie et soumis seulement à un droit de 20 fr. par hectolitre.

Le vinage sagement pratiqué, à dose modérée, fournirait à la distillerie agricole, à peu près ruinée aujourd'hui, une source assurée de travail, contribuerait puissamment à la richesse agricole et deviendrait un élément important de recettes pour le Trésor.

M. le baron Thénard a démontré par des essais décisifs que *le vinage à la cuve*, c'est-à-dire avant la fermentation, ne dénature nullement le vin.

Il rend transportable celui qui ne l'était pas, le conserve et devient ainsi un bienfait pour le petit consommateur, qui, faute de cette ressource, fait abus de liqueurs fortes.

On comprend que nous sommes loin de demander la réduction des droits de consommation sur ces dernières, dont l'usage fait de si grands et si tristes ravages dans la population ouvrière des villes et des campagnes.

Le droit sur le sucre devrait être réduit de moitié.

Enfin l'agriculture réclame la suppression de tout droit à l'entrée en France des matières fertilisantes qu'elle emploie.

[1] Séance du 12 juin 1865. MM. le baron de Beauverger, Des Rotours, Josseau, le marquis d'Havrincourt, Brame, Malézieux, Pinard, le baron d'Herlincourt, Delebecque, Jourdain, Plichon, Martel, Kolb-Bernard, Hébert, Lemaire, Cazelles, Pierron-Leroy, Geoffroy de Villeneuve, le marquis d'Andelarre, Panard, Richard, de Morgan, le baron de Ladoucette, Gressier, Stiévenard, Béthune, Lambrecht.

V

AMÉLIORATION DES VOIES DE COMMUNICATION.

En réclamant cette amélioration on n'a pas assez insisté, selon nous, sur la nécessité de s'occuper, en particulier, des chemins de la culture, c'est-à-dire des chemins ruraux ou d'exploitation, dont le délaissement contribue, pour le cultivateur, à l élévation du prix de revient de ses produits.

Les ressources de la plupart des communes sont absorbées par les frais d'entretien des chemins vicinaux classés, de petite et de grande communication, il en est même un grand nombre qui ont épuisé le nombre de centimes dont la loi leur permet de disposer, mais l'administration aurait un moyen d'accélérer l'amélioration des chemins d'exploitation, ce serait de provoquer dans les communes rurales la réunion en commissions syndicales des intéressés, autorisée par la loi de 1865, en comprenant les chemins ruraux dans la catégorie qui fait l'objet de l'article 9 de cette loi.

Il y aurait lieu aussi de demander la réduction des tarifs de transport par chemins de fer et voies fluviales pour les produits agricoles, machines et engrais, ainsi que ceux de factage, magasinage, etc., qui dépassent souvent le prix de transport.

VI

REPRÉSENTATION LÉGALE DE L'AGRICULTURE.

Le premier intérêt de la grande industrie qui couvre le sol de la France, est de pouvoir librement faire entendre sa voix et exposer ses besoins au gouvernement.

Nous réclamons donc la réorganisation de la representation de l'agriculture par voie d'élection; en d'autres termes, la création de chambres consultatives et d'un conseil général siégeant à Paris, conformément à la loi du 20 mars 1851, et nous demandons que ces corps soient réunis chaque année.

Nos industries ne peuvent se passer d'une représentation spéciale. On se souvient que les trois conseils généraux de l'agriculture, du commerce et de l'industrie furent réunis en 1845, sous la présidence du ministre ; leurs volumineux procès-verbaux témoignent de l'importance de leurs travaux.

On n'a pas oublié non plus, les larges et savantes discussions de la grande assemblée qui, sous le nom de *Congrès central d'agriculture*, réunissait annuellement, de 1844 à 1852, l'élite des agriculteurs, des économistes et des hommes d'État de la France, au nombre de plus de cinq cents.

On sait que nul, dans ces grandes assises de l'agriculture, n'a abandonné, même un moment, le terrain des intérêts économiques pour passer sur celui de la politique.

Enfin, il est incontestable que presque toutes les principales améliorations réalisées depuis, tels que le perfectionnement des races, la fondation des concours régionaux, la pratique du drainage, de l'irrigation, etc., ont été élucidées et réclamées par ces assemblées.

VII

CAPITAL MORAL ET INTELLECTUEL.

Le gouvernement, justement préoccupé aujourd'hui de l'intérêt supérieur de la diffusion de l'instruction au sein des masses, a en son pouvoir les moyens de développer, dans l'intérêt de la richesse publique, ce que nous appelons le *capital moral et intellectuel* de l'agriculture, en accélérant en particulier le progrès du savoir agricole par un enseignement spécial appliqué, dans de sages proportions, à tous les degrés de l'instruction publique[1].

Il s'est montré déjà disposé à entrer dans cette voie en instituant sur une grande échelle l'enseignement spécial pour nos diverses industries.

Si celui de l'agriculture est principalement nécessaire, c'est que tout le monde a, de près ou de loin, besoin d'acquérir des notions générales exactes sur la constitution, les intérêts et l'exploitation du sol ; le propriétaire comme le fermier, l'administrateur comme l'officier ministériel, le législateur comme le magistrat, l'industriel lui-même et le commerçant, qui, pour la plupart, sont ou aspirent à devenir propriétaires fonciers.

« Le capital matériel, a dit un publiciste agricole dont les sérieux

[1] Ce vœu a été émis dans plusieurs de ses cessions par le congrès central, et a été soutenu dans sa session de 1850 par trois anciens ministres de l'agriculture, MM. Lanjuinais, Buffet et Dumas.

« travaux ont de l'autorité[1], ne peut fructifier qu'au service d'une « agriculture pourvue du capital intellectuel.

« L'approvisionnement de ce capital résulte manifestement de l'é- « ducation française, qui depuis deux siècles est radicalement anti- « agricole. Aussi, pendant cette période, l'ignorance des lois géné- « rales et spéciales de l'économie rurale chez les législateurs, chez « les hommes d'État et au sein des supériorités sociales de tout rang, « a-t-elle marché de front avec l'ignorance de la science culturale « chez les propriétaires et les agriculteurs de profession.

« Il est reconnu en France qu'à moins de dispositions innées « d'une rare énergie, tout fils de fermier ou de propriétaire rural « qui passe quelques années au collége est à jamais perdu pour la « profession agricole, et que toute fille élevée dans un pensionnat, « laïque ou religieux, se rend impropre aux devoirs et aux fonctions « de la mère de famille vivant à la campagne. »

Voilà donc deux classes à instruire, quoique diversement.

Celle qui n'exploite pas le sol, quoique étant intéressée à son amélioration, et celle qui l'exploite.

La première est trop étrangère aux intérêts ruraux et trop peu disposée à prendre part aux améliorations foncières :

La seconde, trop peu éclairée sur les lois générales qui président à son industrie et sur les notions scientifiques qu'elle exige.

L'enquête a amené à cet égard de tristes révélations : on a vu la plupart des déposants, même parmi ceux dont l'habileté pratique est incontestée, se montrer étrangers aux intérêts supérieurs de leur industrie, législation agricole, crédit, commerce, science appliquée, etc.

C'est ce double mal qu'on ne peut vaincre qu'au moyen d'une éducation rendue plus agricole, c'est-à-dire en introduisant de saines notions d'économie rurale au sein des écoles communales, des classes d'adultes, des écoles normales primaires et des institutions d'enseignement secondaire.

C'est aux enfants et aux jeunes gens, dont les impressions sont vives et rapides, qu'il faut donner ces notions. L'expérience a prouvé, dans le département de l'Oise, qu'ils les reçoivent avec avidité et comme distraction attrayante à leurs autres études.

Les exercices pratiques et manuels s'allient merveilleusement, dans de judicieuses mesures, avec le travail intellectuel.

Indépendamment des leçons agricoles et horticoles qui, par l'influence des sociétés d'agriculture de Compiègne et de Beauvais, sont données par un grand nombre d'instituteurs primaires, le profes-

[1] M. Louis Hervé

seur d'agriculture de l'Oise[1] adresse, chaque semaine, la parole à plus de 300 jeunes gens ainsi répartis :

BEAUVAIS.

A l'Institut agricole, 30 à 40 élèves; à l'École normale primaire, 90 à 100 ; au grand séminaire, 60 à 80.

COMPIÈGNE.

Au collége Louis-Napoléon, 60 à 70 élèves ; aux établissements d'instruction primaire et secondaire, 60 à 70.

La ferme annexée à l'Institut agricole se compose de 50 hectares, et les élèves y joignent la pratique à la théorie.

Ceux de l'École normale primaire ont à leur disposition un terrain d'une étendue de plusieurs hectares, où ils s'exercent principalement aux travaux de l'horticulture. On prépare au collége de Compiègne un jardin d'études pratiques horticoles par les soins de son digne principal, M. Dusuzeau, et déjà un semblable jardin a été créé par M. Belliard pour la principale pension de la ville dont il est le directeur.

Enfin au grand séminaire « on peut voir, a dit le professeur dans « un récent rapport, nos futurs lévites manier la serpette et la houe, « lier les vignes, inciser et greffer les arbres à fruits. »

On a constaté que l'enseignement agricole, loin de porter dans ces divers établissements préjudice aux études classiques, y est devenu un nouvel élément de progrès et, en même temps, de prospérité matérielle. Les fils de cultivateurs affluent au collége de Compiègne et dans les autres maisons d'instruction publique; des vocations agricoles s'y forment ou s'y confirment. Déjà le département compte un grand nombre de jeunes et habiles praticiens, sortis de ces établissements.

Le vénérable évêque de Beauvais suit avec sollicitude le progrès de ces études dans son séminaire. Il comprend de quelle ressource peut être pour les jeunes curés de village, qui vivent trop souvent dans un triste isolement, cette instruction spéciale, et les services que le prêtre, horticulteur instruit, peut rendre aux populations qui l'entourent.

Pourquoi ce qui porte de si heureux fruits dans un département ne réussirait-il pas ailleurs au même degré?

[1] M. Louis Gossin, apôtre zélé de l'agriculture, aussi savant agronome qu'éminent praticien; depuis dix-huit ans que la Société d'agriculture de Compiègne a eu le bonheur de l'attirer dans le département, il n'a cessé de s'y vouer avec un dévouement infatigable aux progrès de l'industrie du sol. M. Gossin avait pour oncle le vénérable fondateur de la Société de Saint-Régis, qui répand, à Paris surtout, de si grands bienfaits.

VIII

LÉGISLATION AGRICOLE.

Parlerons-nous du code rural, appelé à remplacer la loi surannée du 6 octobre 1791 ? Réclamé depuis 40 ans, il a été mis à l'étude, il y a douze ans, par le Sénat qui l'a élaboré pendant quatre ans ; en voici huit que le Conseil d'État en est saisi, au train dont vont les choses, ce sont nos arrière-neveux qui en recueilleront les bienfaits.

Enfin nous émettons un vœu pour la création d'institutions de prud'hommes agricoles, analogues aux tribunaux de commerce ; elles auraient pour mission d'aplanir à l'amiable les contestations trop fréquentes entre cultivateurs, appelées aujourd'hui devant le juge de paix, et leur éviteraient des frais et des déplacements onéreux.

IX

CE QUE PEUVENT LES AGRICULTEURS.

Dans les conditions économiques nouvelles faites à l'agriculture, il est de toute nécessité pour elle d'abandonner ses habitudes séculaires et de modifier ses procédés ; mais on ne se rend pas toujours compte des difficultés de cette entreprise.

Voici les conseils qu'on entend adresser aux cultivateurs : Vous devez, leur dit-on, rendre votre production plus variée, moins soumise aux vicissitudes de la température et aux fluctuations du commerce.

La culture du blé, pour être plus fructueuse, doit être désormais restreinte aux terres assez fécondes pour compenser par l'abondance des produits l'élévation de la main-d'œuvre et la diminution du prix moyen.

Centralisez vos forces de production et appliquez-les à une culture intensive.

En obtenant un rendement de 25 à 30 hectolitres par hectare, au lieu de 14 1/2[1], moyenne actuelle de la France, le prix de 16 à 17 fr., si abaissé qu'il paraisse, serait encore rémunérateur.

[1] Chiffre énoncé au Sénat par M. Cornudet, commissaire du gouvernement. L'enquête particulière du congrès des sociétés savantes a produit le chiffre de 16 hectolitres 1/2, ce qui constituerait une augmentation de 12 1/2 pour 100 dans le rendement moyen depuis dix ans.

Réduire le prix de revient, tel doit être aujourd'hui le but de vos efforts : car le problème, ainsi que l'a dit M. le marquis d'Andelarre dans son excellent rapport, n'est plus de vendre cher, mais de produire à bon marché.

Attachez-vous donc à obtenir dans vos bonnes terres de plus nombreux produits sur une moindre surface.

Plantez en bois vos terres médiocres, multipliez vos prairies artificielles, augmentez votre bétail, et doublez ainsi vos fumiers, ce qui ne vous empêchera pas de faire un large emploi des engrais industriels. Conservez précieusement et utilisez vos purins, au lieu de les laisser perdre sur la voie publique au préjudice de votre richesse fécondante et de la salubrité publique.

Marnez, drainez, irriguez votre sol ; procurez-vous un meilleur outillage. Enfin, demandez à la force mécanique et à la vapeur, dans les limites du possible, un travail plus rapide et meilleur, afin de suppléer aux bras qui vous manquent.

Pour fixer aux champs les ouvriers qui vous seront toujours nécessaires en dehors de l'emploi des machines, ménagez pour eux des travaux d'hiver dans les industries qui se rattachent à l'agriculture, telles que les sucreries, distilleries, féculeries, huileries, rouissage mécanique du chanvre et du lin, oseraies, vanneries, etc.

Ce sont les chômages forcés et prolongés des ouvriers ruraux dans ce qu'on appelle la *morte saison*, qui, en suspendant leurs salaires, les poussent à demander aux villes un travail plus assuré, plus régulier.

Apprenez enfin à sortir de votre isolement, à vous entendre et à discuter en commun vos propres intérêts ; rendez-vous, dans ce but, plus assidûment à vos comices, et ne considérez plus comme perdues les quelques heures que vous y passerez chaque mois.

Initiez-vous aux procédés du commerce, et dites-vous que la France devient de plus en plus un pays d'exportation ; que les produits les plus demandés par l'étranger sont nos blés et nos farines, très-estimés chez nos voisins, nos vins et spiritueux, nos volailles, œufs et beurre, nos fruits, et même le sucre, dont la valeur d'exportation a été, en 1865, de 40 millions.

L'épizootie meurtrière qui règne chez nos voisins leur fait rechercher, nous l'avons dit, nos animaux de boucherie. Nos moutons y sont très-estimés, et nos bœufs préférés par le consommateur aux races indigènes, en particulier au Durham, dont les Anglais étaient si fiers : vendez-leur donc un nombre croissant d'animaux gras ; le bénéfice est certain.

Le grand instrument de développement de l'agriculture, a dit M. Rouher, c'est le commerce.

« La France assise sur deux mers, débouchant au midi sur les « pays qui produisent le blé, au nord et à l'ouest sur ceux qui le « consomment ; assurée à la fois contre la surabondance et contre la « disette, la France, grande productrice de blé, doit être en même « temps la grande régulatrice des prix ; elle doit prendre le premier « rang parmi les grands marchés de céréales du monde[1].

Les conseils qui précèdent sont excellents, malheureusement il en est quelques-uns plus faciles à donner qu'à suivre.

Toute amélioration agricole suppose des avances plus ou moins considérables; la culture intensive, en particulier, exige une mise de fonds de 800 francs à 1,000 francs par hectare, et l'agriculture est pauvre !

Une industrie, disait au Corps législatif M. Thiers que nous aimons à citer, ne fait de progrès que quand elle fait des bénéfices, c'est parce que l'agriculture était prospère qu'elle a fait d'immenses progrès depuis quarante ans.

Ce dont on ne se rend pas surtout assez compte, c'est que les améliorations culturales n'exigent pas seulement des avances de fonds, mais encore *du temps* pour s'accomplir.

Si une filature de coton compte 1,000 broches, et qu'à l'aide d'un nouveau capital vous y établissiez 20,000 broches, vous obtenez *aussitôt* 20 fois plus de produits.

En est-il de même de l'agriculture?

Créer un taillis, c'est laisser une terre qui continue à payer l'impôt et qui a coûté des frais considérables de défoncement, de plantation, etc., sans *aucun produit* pendant dix à douze ans, et le produit de cette première coupe est chétif.

Il faut de quatre à six ans pour former une bonne prairie naturelle et il n'y a qu'un petit nombre de nos départements qui par leur climat, se prêtent à cette création ;

Il en est ainsi de la vigne, de l'oseraie, etc.

L'élève d'un animal de vente ou de boucherie, dure de quatre à cinq ans. La multiplication du bétail, qui exige de l'argent, du temps, du savoir et de l'intelligence, se lie, en outre, à tout un ensemble de culture, qu'on ne saurait improviser.

Ainsi de tout le reste.

On ne tient pas compte des faits pratiques quand on demande au cultivateur de transformer tout à coup son système cultural comme on change une décoration de théâtre d'un coup de baguette.

Ne nous faisons pas d'illusion, l'agriculture passe aujourd'hui par

[1] M. le baron de Butenval, au Sénat.

une de ces périodes de transition toujours périlleuses dans l'existence des industries comme dans celle des nations. Elle en triomphera, nous en avons la ferme confiance, car, malgré sa langueur actuelle, elle est pleine encore de séve et de vitalité.

Ajoutons que, selon nous, le travail pénible de rénovation de l'agriculture qui s'opère en ce moment doit être suivi pour elle d'une ère de prospérité et de richesse; elle en a les éléments dans l'heureuse variété du sol et du climat français; la science, la liberté, l'entente et l'énergie des agriculteurs sauront les féconder.

CONCLUSION

Ainsi que nous l'avons dit tout d'abord, ce n'est pas un remède héroïque, mais seulement quelques palliatifs qu'il est possible d'apporter en ce moment à la situation critique de l'agriculture. Elle ressent le contre-coup de ce malaise général qui est le mal chronique des sociétés européennes.

Le cultivateur est mécontent de son sort comme tout le monde est mécontent du sien, et, comme tout le monde, il aspire à autre chose que ce qu'il a.

Toutes nos industries souffrent plus ou moins, comme l'agriculture, du sombre inconnu qui pèse aujourd'hui sur le monde.

On pensait que les grandes découvertes du génie moderne, la vapeur, les lignes ferrées, les communications électriques étaient, dans la pensée de Dieu, des moyens de rapprochement entre les peuples; unis d'intérêts par le commerce, ils allaient devenir frères et leur frontières ne seraient plus entre eux que des limites nominales; une prospérité inouïe les attendait, et l'état florissant de leurs finances leur permettrait à la fois de réduire les charges publiques, de rendre au travail productif une partie de leurs soldats et d'imprimer une activité nouvelle à ce que, dans le langage de la bourse, on appelle les affaires.

C'était là, en effet, des bienfaits de la Providence dont ces peuples auraient dû se montrer dignes. Mais, chose étrange! que voyons nous? les nations en défiance les unes envers les autres quand elles ne se font pas la guerre; presque toutes obérées et s'ingéniant au moyen des ressources financières qui leur restent, à fabriquer laborieusement des engins de destruction et à parquer sous les armes la moitié de leur population.

L'instabilité est partout: celui qui s'endort le soir se croyant Romagnol se réveille Piémontais; le Hanovrien, le Saxon, le Hessois, se réveillent Prussiens, et ils sont réduits à se demander les uns et les autres, si c'est en vertu du principe des nationalités ou de l'annexion ou de la conquête, dont on use tour à tour selon les besoins de la cause, qu'ils changent de maître.

Est-il étonnant que le sommeil du Belge, du Rhénois, du Bohémien, du Bavarois soit troublé par de pénibles cauchemars.

Le premier élément de prospérité, pour une industrie, c'est la sécurité dans le présent et dans l'avenir.

L'agriculture est, par-dessus tout, l'art de la paix. Son génie est l'opposé de l'esprit qui paraît aujourd'hui s'emparer du monde. Pour elle le calme, l'amour de l'ordre, la vie de famille, la confiance en celui qui gouverne les saisons, qui fait germer le blé et dore les moissons.

De l'autre part, l'agitation, l'inquiétude, l'attrait par le changement, la recherche des jouissances à tout prix, par-dessus tout le délaissement de la foi religieuse.

On sait quel est celui de ces deux esprits qui fait vivre et grandir les nations, et celui qui les mène à la ruine à travers les révolutions.

Voulez-vous vous rendre compte de l'influence qu'exerce sur le développement industriel et commercial l'aisance du cultivateur ?

Visitez une de nos petites villes, que ce soit au nord, au midi, à l'est ou à l'ouest, peu importe ; qu'y trouverez-vous six jours sur sept ? un aspect morne, une solitude morose, des rues désertes, des magasins vides de chalands.

Mais si vous vous y rendez le jour du marché, tout est changé, le mouvement, la vie ont remplacé partout le désert et le silence. Les places et les rues sont trop étroites ; il semble une fourmilière qui s'agite, les boutiques ne désemplissent pas.

Qu'est-il donc arrivé ? que les cultivateurs des environs sont venus vendre leurs denrées.

S'il les vendent bien, ils laissent dans la ville, au profit de son commerce, une partie de leur gain et en remportent des produits manufacturés, étoffes, vêtements, outils, ustensiles de ménage, meubles, etc...

Mais tous ces produits écoulés devant se renouveler, le petit marchand se réapprovisionne auprès du négociant en gros, celui-ci, auprès du fabricant qui, à son tour, a recours au commerce pour lui procurer ses matières premières.

Ainsi, de proche en proche, le cultivateur quand il fait ses affaires donne le mouvement à toutes les industries qui s'arrêtent ; au contraire, s'il est misérable.

La France compte environ 24 millions d'hommes adonnés à la

culture. Multipliez par ce chiffre le fait que nous venons d'exposer et vous vous convaincrez que tout prospère dans un pays où prospère l'agriculture ; que tout languit, là où elle souffre.

A partir de Henri IV l'agriculture n'a pas occupé le rang qui lui était dû dans les conseils du souverain. Les ministres qui l'ont réellement servie ne nous apparaissent de loin en loin que comme de bienfaisants météores.

C'est Turgot rétablissant le commerce intérieur des grains pendant son trop court ministère, s'efforçant d'améliorer le système des impôts, abolissant la corvée et faisant détruire, sur l'ordre exprès du roi, dans toutes les capitaineries, le gibier si nuisible aux récoltes ;

C'est, au commencement de ce siècle, Chaptal qui imprime une habile impulsion à toutes nos industries, applique les sciences, en particulier la chimie, à l'agriculture et développe la production de la betterave, sans prévoir peut-être les prodigieuses destinées de cette racine ;

C'est M. de Montalivet dotant la France de la loi féconde du 21 mai 1836, point de départ de l'immense développement de nos voies vicinales ;

C'est, en 1848, M. Tourret qui fonde l'Institut agronomique de Versailles et les écoles régionales [1] ;

En 1851, M. Buffet, instituant cette représentation élective de l'agriculture [2] qui, en éclairant chaque année le gouvernement sur les besoins de cette grande industrie nourricière, eût prévenu la crise actuelle, mais qui devait disparaître l'année suivante.

Depuis cette époque nous voyons le département de l'agriculture confié encore à des hommes d'un mérite et d'une capacité souvent supérieurs, mais qui ne font que passer au pouvoir.

La France aurait besoin d'un grand et puissant ministre comprenant enfin que c'est dans le sol que réside la sève généreuse par laquelle la vie est transmise au corps social tout entier.

Mais elle attend encore un second Sully !

[1] Décret législatif du 5 octobre 1848.

[2] Loi du 20 mars 1851, rapportée par le décret du 25 mars 1852, signé Persigny.

PARIS. — IMP. SIMON RAÇON ET COMP., RUE D'ERFURTH, 1.

www.ingramcontent.com/pod-product-compliance
Ingram Content Group UK Ltd.
Pitfield, Milton Keynes, MK11 3LW, UK
UKHW020522180726
13839UKWH00005B/2252